发现身边的科学

FAXIAN SHENBIAN DE KEXUE

“功夫”大挑战

王轶美　主编

贺杨　陈晓东　著　上电一中华“华光之翼”漫画工作室　绘

中国纺织出版社有限公司

咚咚：“妈妈，你看，那种昆虫在水上行走！”

妈妈：“那叫水黾，生活在水面上。”

水黾是水中一种常见的小型水生昆虫，因为外形看着像个头大的蚊子，也有人叫它们“水蚊子”。它们一般栖息在平静的水面，以落入水中小虫的体液、死鱼或者昆虫为主要的食物。水黾可以短时间在陆地生活，但几乎终身生活在水面。

咚咚：“为什么它们不会掉到水里呢？”

爸爸：“这正是大自然的神奇，大自然赋予了水黾一种非凡的能力。”

咚咚：“哦，什么能力？”

爸爸：“它们可以很好地驾驭水的表面张力，在水面上自由行走。”

咚咚：“它们是怎么驾驭水的表面张力的呢？”

爸爸：“水黾的腿部长有一种不沾水的毛，这些细毛小到微纳米级别，在腿部形成微纳米结构，将空气有效阻隔，并且在表面形成稳定气膜，阻碍水滴的浸润，达到防水功能，这样就可以满足它们在水面的一切活动。”

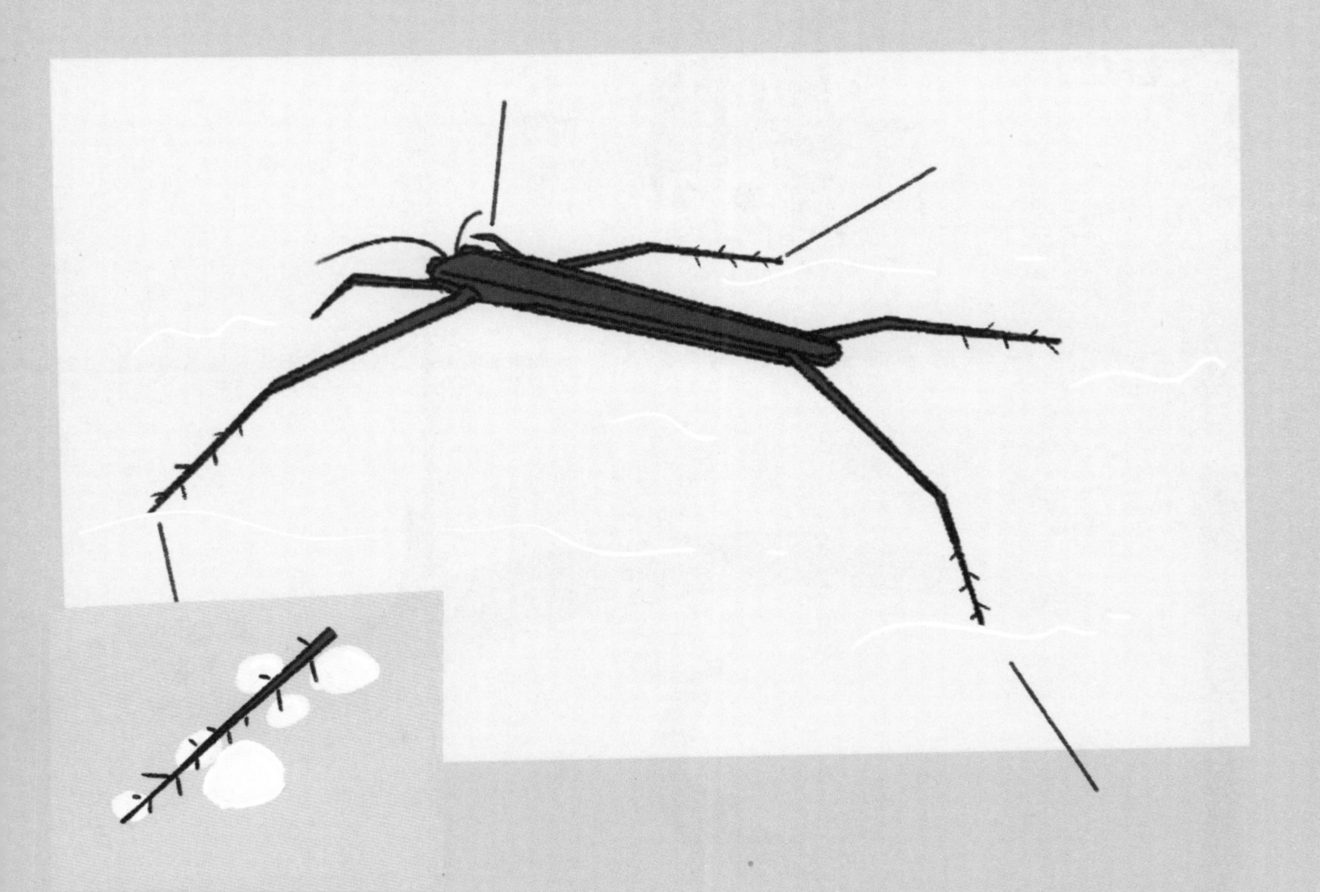

水黾怎样在水面上捕食？

水黾在水面上捕食，主要是靠足部的默契配合。它们有三对足，这三对足长短不一，分工也不同，前足最短，主要负责捕猎，中后足很长，中足主要发力，负责驱动，后足负责控制滑动的方向。这样，就可以一边捕食，一边行走了。

一般的昆虫掉落到水中会丢掉性命。而在自然的进化中，水黾却掌握了“水上漂”的独门秘技。它们可以凭借这一本领来捕食，填饱肚子，真是聪明的水黾。其实，大自然中除了我们常见的水生昆虫水黾，还有一些个头比较大的水生物，它们也是这派功夫的传承者。

咚咚："哇！好厉害！还有别的动物有这种本领吗？"

爸爸："当然有啊！比如蛇怪蜥蜴。为了逃生，它也学会了水上漂的本领呢！"

咚咚："那蛇怪蜥蜴也和水黾一样是因为有不沾水的毛吗？"

爸爸："嗯！有点类似，不过蛇怪蜥蜴的脚趾上覆盖的是磷盾。这些磷盾增大了足部在水面的面积，分散身体在水上行走的重量，同时，鳞片可利用产生的气泡，踏着气泡，蛇怪蜥蜴就可以在水面自由行走了。"

蛇怪蜥蜴是一种爬行动物，生活在热带雨林的河流附近，主要以小昆虫为食。虽然热带雨林的平均气温在25℃以上，但蛇怪蜥蜴每天还是需要靠晒太阳来保持体温。当然，暴露在阳光下是有危险的，稍不留神，天上的大型鸟类、陆地上的肉食动物随时都会对蛇怪蜥蜴发动攻击和袭击，于是为了保命，蛇怪蜥蜴也练就了一身"水上漂"的本领。当遭遇危险时，蛇怪蜥蜴会跳入水中，它们身轻如燕，以合适的角度摆动两条腿，快速从水面上逃跑。

爸爸："这些生物这么厉害，除了它们的自身结构，还有一个最重要的原因是水的表面张力，水的表面在一定程度上也不容易被打破哦。"

咚咚："那表面张力是什么力呢？"

爸爸："来，你和爸爸妈妈一起手拉手，围成一个圈。这个时候，手与手之间存在着相互吸引的力，如果有别的小朋友想要进到我们圈里，那就要打开我们的手，力量小了可打不开哦！"

咚咚："大概明白了，水面就和我们手拉手一样，水黾很轻，所以不会打破水面。"

表面张力

我们把水或其他液体会产生使表面尽可能缩小的力称为“表面张力”。比如凝聚在荷叶上的水珠，就是在自身表面张力的作用下产生的。

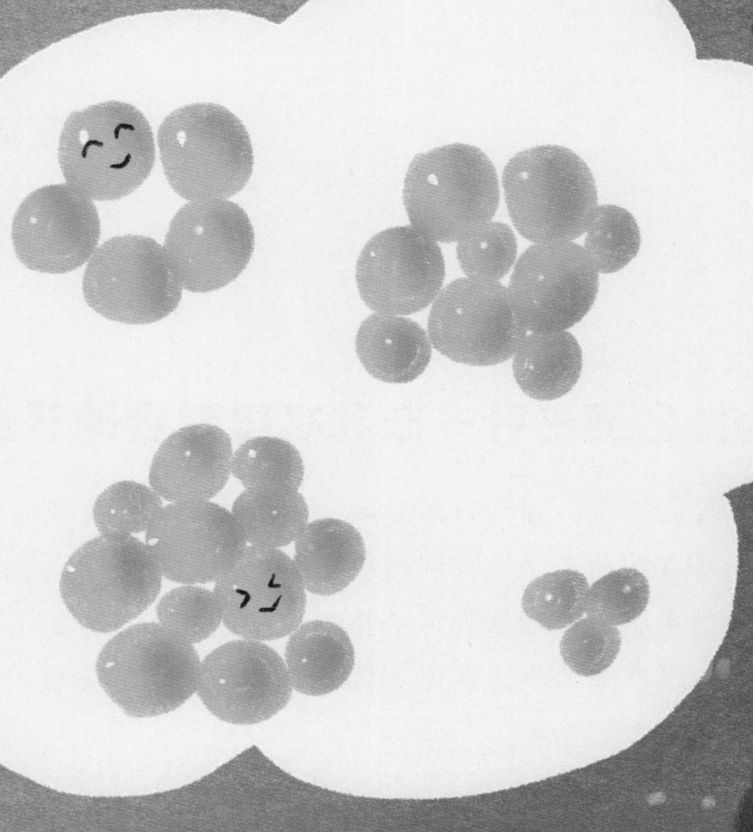

爸爸：“我们回家做一个‘水上漂’的功夫大挑战！你也可以掌握这种神奇的力量。”

咚咚：“好嘞！”

爸爸：“你能把这只回形针放到水面上吗？”

咚咚：“这不可能吧，它是金属呀。”

爸爸：“你看好了！”

咚咚：“啊，掉下去了……”

为什么回形针一放到水里就会掉下去呢？

我们知道，回形针是金属，密度远远大于水的密度，当把回形针直接放在水中，回形针自身的重力要大于浮力，所以就会沉到水底。密度是物体的特性之一，每个物体都有一定的密度，并且不同的物体密度不同，密度还会根据温度、压力的变化发生相应的改变。

什么情况下物体是漂浮的，什么情况下物体是悬浮和下沉的？我们可以通过一个小实验来演示物体的沉浮状态。

实验材料准备

一个鸡蛋

适量的盐

一杯水

1.

将鸡蛋直接放入水杯中，观察发现鸡蛋沉入水底；

2.

在水杯中加盐，搅拌，会发现鸡蛋悬浮在水中；

3.

在水杯中继续加盐，会发现鸡蛋漂浮在水面上。

鸡蛋沉入水底，是因为鸡蛋的密度比水大，鸡蛋自身的重力大于浮力，所以下沉。

往水中加入适当的盐后，增加了水的密度，当鸡蛋在盐水中的重力和浮力一样大时，鸡蛋就悬浮了。

而想让鸡蛋往水面附近漂浮，就需要继续往水里增加一些盐了，盐水密度继续增加，使得鸡蛋受到的浮力大于鸡蛋的重力，鸡蛋就漂浮了。

咚咚：“爸爸，要是用纸铺在水面，是不是就可以托住回形针呢？”

爸爸：“那你来试试！”

咚咚用一张纸铺在水面上，然后再放下回形针。纸张在水面被慢慢浸湿，沉到水底，而回形针停留在了水面。

咚咚：“哇！真的可以！”

爸爸："我还可以徒手就把回形针放在水面上哦！"

咚咚："不可能，你刚才就失败了！"

爸爸："相信我，这回一定可以！"

只见爸爸用一个弯折的回形针，把另一个回形针轻轻地放在水面上，结果，它真的漂在了水面上，好像被水托住了一样。

咚咚：“哇！爸爸你还是很厉害的嘛！可为什么刚才不行，现在就可以了呢？”

爸爸：“这就和水黾在水面行走的原理一样，你也来尝试尝试吧，看你能放多少回形针在水面上。”

操作步骤

折弯一个回形针，形成T字形；

把另一个回形针放在T形回形针上；

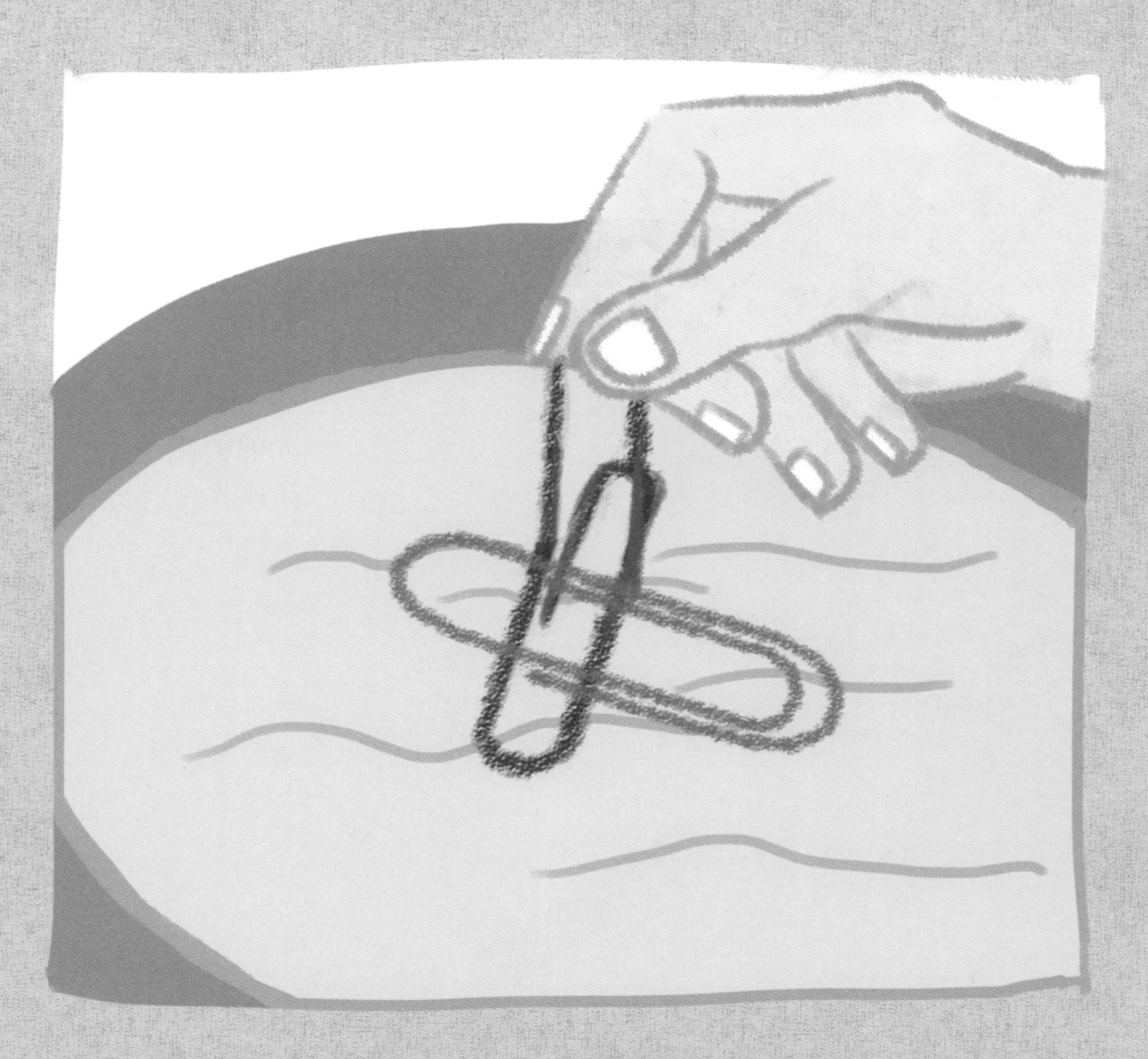

轻轻地将它们放入水中，慢慢拿走 T 字形回形针，另一个回形针就会漂浮在水面上了。

水的表面张力现象还有哪些？

下雨天，蜘蛛网上的小水滴呈现漂亮的球形。

肥皂泡泡总是呈现球形。

病原体的“空中旅行”：我们通过打喷嚏或咳嗽，会在空气中形成一大片水滴，而病毒则栖身于这些水滴中，表面张力就决定着每一个水滴的大小、外形和破裂速度。
倒满水的水杯口，呈现凸起的液面。

拓展与实践

试试一杯水的水面可以盛放多少回形针？还有什么东西可以漂在水上，硬币可以吗？

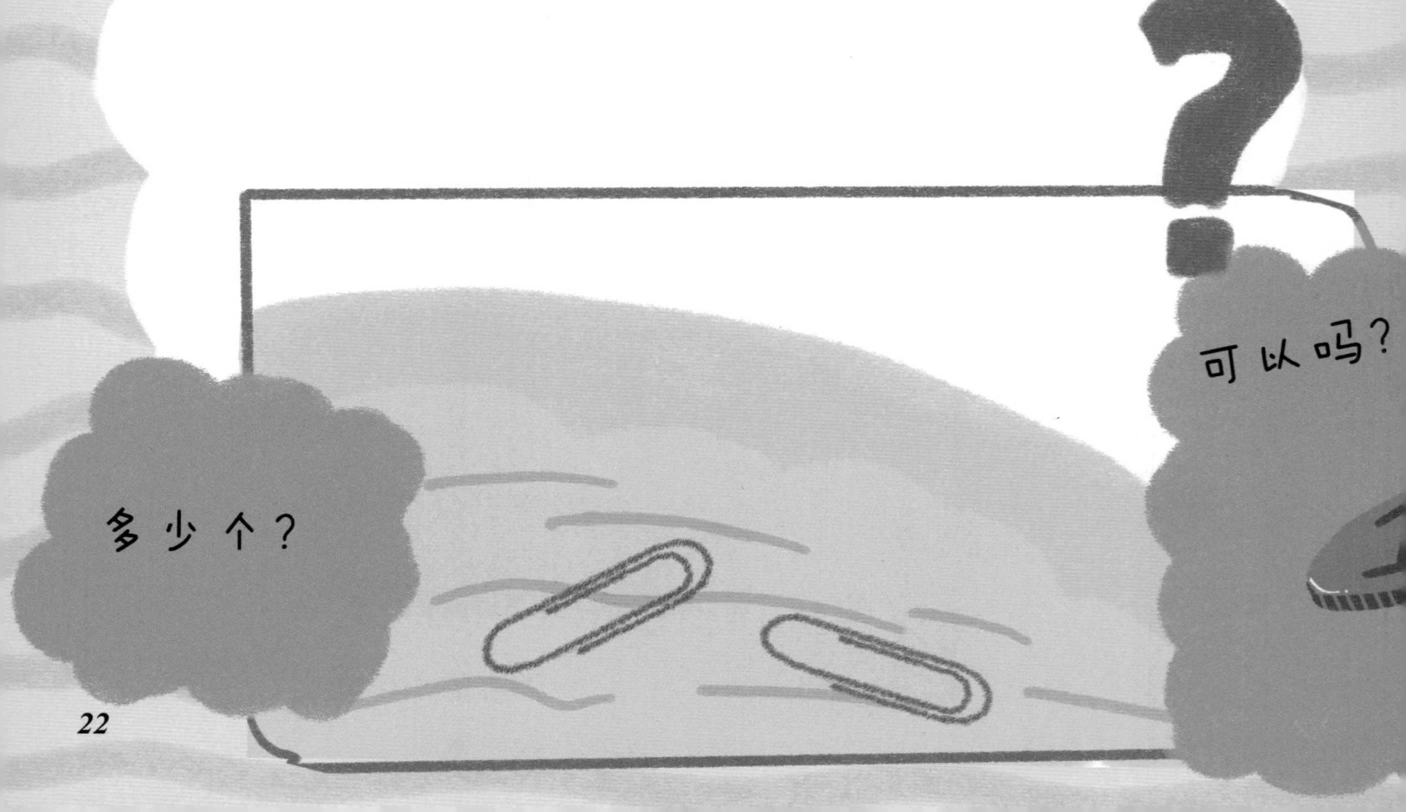

可以吗？

多少个？

绘图：查筱菲　王悦　余宛洳　潘晓燕　黄郁璇

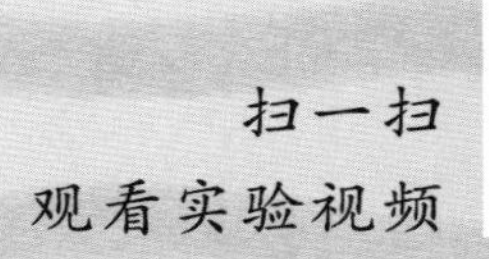

试一试，以下物品可以漂在水面上吗?

图书在版编目（CIP）数据

发现身边的科学．"功夫"大挑战 / 王轶美主编；贺杨，陈晓东著；上电－中华"华光之翼"漫画工作室绘．--北京：中国纺织出版社有限公司，2021.6
ISBN 978-7-5180-8347-3

Ⅰ.①发… Ⅱ.①王… ②贺… ③陈… ④上… Ⅲ.①科学实验—少儿读物 Ⅳ.① N33-49

中国版本图书馆CIP数据核字（2021）第022980号

策划编辑：赵　天　　特约编辑：李　媛
责任校对：高　涵　　责任印制：储志伟　　封面设计：张　坤

中国纺织出版社有限公司出版发行
地址：北京市朝阳区百子湾东里 A407 号楼　邮政编码：100124
销售电话：010—67004422　传真：010—87155801
http://www.c-textilep.com
中国纺织出版社天猫旗舰店
官方微博 http://weibo.com/2119887771
北京通天印刷有限责任公司印刷　各地新华书店经销
2021 年 6 月第 1 版第 1 次印刷
开本：710 × 1000　1/12　印张：24
字数：80 千字　定价：168.00 元（全 12 册）